AF152230

BEI GRIN MACHT SICH IHR WISSEN BEZAHLT

- Wir veröffentlichen Ihre Hausarbeit,
  Bachelor- und Masterarbeit

- Ihr eigenes eBook und Buch -
  weltweit in allen wichtigen Shops

- Verdienen Sie an jedem Verkauf

Jetzt bei www.GRIN.com hochladen und kostenlos publizieren

Silvana Lehmann

Arbeit mit dem Tagesplan: Übungsstunde zum Lesen lernen und zum Rechnen im Zahlenraum bis 20 (Förderspiele)

GRIN Verlag

Bibliografische Information der Deutschen Nationalbibliothek:

Die Deutsche Bibliothek verzeichnet diese Publikation in der Deutschen National-
bibliografie; detaillierte bibliografische Daten sind im Internet über http://dnb.d-
nb.de/ abrufbar.

Impressum:

Copyright © 2008 GRIN Verlag GmbH
Druck und Bindung: Books on Demand GmbH, Norderstedt Germany
ISBN: 978-3-640-12586-9

Dieses Buch bei GRIN:

http://www.grin.com/de/e-book/93001/arbeit-mit-dem-tagesplan-uebungsstunde-
zum-lesen-lernen-und-zum-rechnen

Entwurf zum Unterrichtsbesuch

Name: Silvana Lehmann

Schule: Staatliches regionales Förderzentrum mit dem Förderschwerpunkt
Lernen

Klasse: 1a

Datum: 20.05.2008

Fach: Deutsch / Mathe

Thema der Stunde:

Arbeit mit dem Tagesplan:

Übungsstunde zum Lesen lernen und zum Rechnen im Zahlenraum bis 20

(Förderspiele)

---

1. Didaktische Analyse

1.1. Didaktische Stellung der Stunde innerhalb der Unterrichtseinheit

1./ 2. Stunde: Arbeit mit dem Tagesplan: Üben und Festigen der individuellen Kenntnisse im Bereich Deutsch und Mathematik

3./4. Stunde: Arbeit mit dem Tagesplan: Übungsstunde zum Lesen lernen und zum Rechnen im Zahlenraum bis 20 (Förderspiele)

5./6. Stunde: Arbeit mit dem Tagesplan: Üben und Festigen der individuellen Kenntnisse im Bereich Deutsch und Mathematik

1.2. Sachanalyse

Förderspiele beziehungsweise Lernspiele, bieten im offenen Unterricht durch ihre spielerischen, sozialen und kommunikativen Aspekte viele Möglichkeiten um Lerninhalte zu üben und zu festigen. Der Spielcharakter der Materialien löst bei den Kindern eine hohe Motivation aus. Der spielerische Umgang mit dem Lernstoff wiederum ist Ausgleich und Erholung zum anstrengenden und zielgerichteten Lernen mit anderen Übungsmaterialien.

Eingebettet in die Arbeit mit einem Tagesplan, wird zum einen das große Angebot an verschiedenen Materialien für das Kind übersichtlicher und strukturierter. Zum Anderen bieten sich dem Lehrer zahlreiche Möglichkeiten der individuellen Differenzierung der Schüler hinsichtlich ihrer Fähig – und Fertigkeiten.

Lesen lernen

„Lesen" gehört ebenso wie „Schreiben" zu einer der wichtigsten Kommunikationsformen in der heutigen Zeit. „Alle Kinder erleben von Anfang an täglich Formen der geschriebenen Sprache. So finden sich u. a. auf den Straßen, in Kaufhallen, im Fernsehen vielfältigste Lesemöglichkeiten: Situationen, Bilder, Signalwörter, Piktogramme, Buchstaben und Wörter (…) Das Lesen und Schreiben eröffnet den Schülern, sich mitzuteilen, sich auszutauschen, sich zu informieren, sich zu verständigen und sich zu orientieren." (Thillm 2004,S. 6)
Bei der kurzen Darstellung der Lesestufen orientiere ich mich an HUBLOW (1985), dessen Beschreibung heute noch weitestgehend aktuell ist (Vgl. Thillm 2004,S. 6):

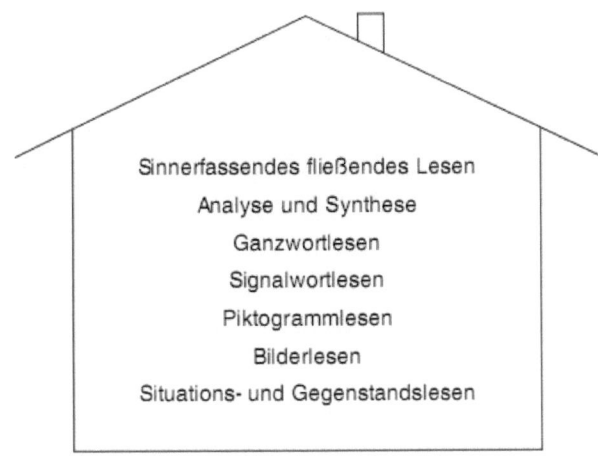

Sinnerfassendes fließendes Lesen

Analyse und Synthese

Ganzwortlesen

Signalwortlesen

Piktogrammlesen

Bilderlesen

Situations- und Gegenstandslesen

Die oben stehenden Stufen können allerdings nicht losgelöst voneinander betrachtet werden, sondern bedingen sich gegenseitig und gehen manchmal auch parallel einher. Hierbei ist auf die individuellen Fähig – und Fertigkeiten der Schüler zu achten.

1. Situations – und Gegenstandslesen

Eine Voraussetzung für diese erste Lesestufe „ (…) ist die Fähigkeit des Schülers, sich seiner Außenwelt zuzuwenden und seine Aufmerksamkeit in einfachster Weise auf etwas zu richten." (Thillm 2004,S. 8) Der Schüler muss ebenfalls in der Lage sein, „ (…) Gegenstände, Personen und Abläufe wahrzunehmen, zu erkennen und wiederzuerkennen. Dazu ist eine gewisse Funktionsfähigkeit der Sinne, wie Sehen, Hören und Tasten notwendig (…). Situationen und Gegenstände können auch durch ihre akustischen Merkmale erkannt werden. Etwas wiederzuerkennen erfordert Merkfähigkeit." (Thillm 2004,S. 8)

2. Bilderlesen

Hierbei „ (…) richtet der Schüler seine Aufmerksamkeit auf eine zweidimensionale Darstellung von Personen, Gegenständen und / oder Situationen." (Thillm 2004,S. 13) Hierbei können Fotos beziehungsweise graphische Darstellungen ausgewählt werden. „Bei der Auswahl ist die konkrete Umwelterfahrung des Schülers zu beachten, da Bildinhalte wiedererkannt und geäußert werden sollen." (Thillm 2004,S. 13)

3. Piktogramm lesen

Diese Lesestufe ist nicht nur im Unterricht sehr bedeutsam, denn in nahezu jeder alltäglichen Situation finden sich Piktogramme wieder. „ Das Kennen und Erkennen von Piktogrammen erleichtert dem Schüler das Zurechtfinden in seiner Lebensumwelt. Sie helfen ihm, sich in seiner schulischen und außerschulischen Umwelt besser zu orientieren (z. B.: WC, Telefon, Notausgang, ...)." (Thillm 2004,S. 20) Somit ermöglicht das Wissen über Piktogramme ein selbstständigeres Leben. „Die Auswahl der Piktogramme sollte sich zum einen nach dem direkten und individuellen Lebensumfeld (Schule, Wohnort) des Schülers richten, aber auch Alltagssituationen (Information, Notausgang, Telefon) berücksichtigen." (Thillm 2004,S. 20)

4. Signalwortlesen

Das Lesen von Signalwörtern stellt die nächste Stufe im Leselernprozess dar. Sie sollten ebenfalls dem individuellen Lebensumfeld der Schüler entnommen sein und eröffnen dem Schüler somit viele neue und wichtige Informationen. (Vgl. Thillm 2004,S. 26)

5. Ganzwortlesen

„Auf dem Weg zum Lesen spielt das Ganzwortlesen eine Schlüsselrolle. Es ist ein wichtiger Schritt zum analytisch-synthetischen Lesen. (...) Beim Ganzwortlesen machen die Schüler ihre ersten Erfahrungen mit geschriebener Schrift (...)" (Thillm 2004,S. 31)

6. Analyse und Synthese

Die Schüler sind in der Lage selbstständig Wörter zu „erlesen", indem sie Silben und Wörter analysieren, das heißt sie in ihre Laut – beziehungsweise Silbenelemente aufspalten. „Schwerer zu erlernen ist die Fähigkeit zur Synthese, d.h., die Fähigkeit aus den erkannten Buchstaben ein Wort zu bilden, es zu lesen. Dieser Prozess ist kognitiv sehr anspruchsvoll und besteht aus vielen Teilfähigkeiten, die erst in ihrer Kombination zum Erfolg, zum Lesen, führen. Dabei ist zu beachten, dass nur durch das Lesen selbst die Fähigkeit zur Analyse und Synthese gefördert werden kann." (Thillm 2004,S. 36)

7. Sinnerfassendes fließendes Lesen

Auf dieser Stufe nehmen die Schüler die gelesenen Texte sehr bewusst wahr, das heißt sie konzentrieren sich beim Lesen nicht nur auf das Lesen, sondern auch auf den Inhalt der Wörter beziehungsweise Texte. Somit sind sie in der Lage diese Fähigkeit nicht nur als „ein Mittel zum Wissenserwerb, sondern auch [als] ein Mittel zur Lebensbewältigung" (Thillm 2004,S. 44) anzusehen und zu nutzen. Lesen „hilft, das Leben unter erschwerten Bedingungen in der Familie, Arbeitswelt sowie Gesellschaft zu verbessern. Die Lesefähigkeit ermöglicht ein individuelles und gemeinsames Lernen selbständig vorzubereiten, zu reflektieren, zu regulieren und das Gelernte anzuwenden." (Thillm 2004,S. 44)

Rechnen im Zahlenraum bis 20

Der Zahlenraum bis 20 stellt die Basis für die weitere Arbeit im Zahlenraum bis 100 dar. Ebenso die Addition und Subtraktion als grundlegende Voraussetzung für die spätere Einführung der Addition und Multiplikation. Aus diesem Grund ist es besonders wichtig diesen Bereich der Mathematik zu festigen und zu üben.

Ein festes Verständnis für den Zahlenraum kann sich nur entwickeln, wenn mit den verschiedenen Aspekten in vielfältigen Anwendungssituationen gearbeitet wird.

Die Zahlaspekte sind:

- Kardinalzahlaspekt
- Ordinalzahlaspekt
- Maßzahlaspekt
- Operatoraspekt
- Rechenzahlaspekt
- Codierungsaspekt

Für das Rechnen im Zahlenraum bis 20 ist natürlich der Rechenzahlaspekt von großer Bedeutung.

„Unter Grundaufgaben der Addition und Subtraktion versteht man im Zahlenraum bis 19 alle Aufgaben, bei denen die Summanden bzw. der Subtrahend einstellige Zahlen sind." (Radatz / Schipper, 1983, S. 70) Dabei sollte es nicht um das Auswendiglernen der Grundaufgaben gehen, „sondern ein bewusstes Einprägen der Zahlensätze" (Radatz / Schipper, 1983, S. 70) sollte im Vordergrund stehen. Hierfür benötigen die Schüler einige Grundvoraussetzungen, wie zum Beispiel die Fähigkeit die Rechenoperationen zu erkennen und entsprechend einzusetzen.

Radatz und Schipper fordern daher folgende Prinzipien für die Unterrichtsplanung:

- operatives und systematisches Üben der Grundaufgaben
- anbieten der Aufgaben in vielfältigen Anwendungssituationen (Vgl. Radatz / Schipper, 1983, S. 70.

Eine Anwendungsform stellt zum Beispiel das „Spiel" im Mathematikunterricht dar. „(…) wann eine Aktivität im Mathematikunterricht ein Spiel ist, lässt sich nicht allgemeingültig beantworten. Ein und dieselbe Tätigkeit kann von verschiedenen Schülern völlig unterschiedlich empfunden werden." (Radatz / Schipper, 1983, S. 164) Bewiesen ist aber, „dass Tätigkeiten im Mathematikunterricht … eher als Spiel angenommen werden,

- wenn diese Tätigkeiten tatsächlich freie Handlungsspielräume gewähren, insbesondere solche Handlungen ermöglichen, die nicht zum Standardrepertoire des Unterrichts gehören (Spiele mit Würfeln,…);

- wenn der Spannungsbogen nicht zu groß ist. Wichtiger als ein großer (Spiel-) Erfolg nach langer Zeit der Anstrengung sind viele kleine Erfolgserlebnisse zwischendurch. (...)
- wenn die zu erlernenden oder zu übenden Inhalte in einen Form gekleidet werden, die dem strukturellen Entwicklungsstand des einzelnen Schülers möglichst gut angepasst sind." (Radatz / Schipper, 1983, S. 165)

Mit Lernspielen (nicht nur im mathematischen Bereich) kann also erworbenes Wissen geübt und gefestigt werden. „Mathematische Lernspiele ermöglichen Differenzierung und Individualisierung des Lernens und können dadurch zum Abbau von Lernschwierigkeiten beitragen." (Radatz / Schipper, 1983, S. 180). Außerdem tragen Lernspiele zum sozialen Lernen bei.

1.3. Analyse der Lehr – und Lernsituation

Individuelle Lernvoraussetzungen für die konkrete Stunde:

	O.	F.	D.	J.	A.	B.	A.	M.
Deutsch								
Lesestufe:								
Situations – und Gegenstandslesen	++	++	++	++	++	++	++	++
Bilderlesen	++	++	++	++	++	++	++	++
Piktogramme lesen	++	++	++	++	++	++	++	++
Signalwortlesen	+	+/-	++	+/-	+	+	+/-	++
Ganzwortlesen	+	+/-	+	+/-	+	+	+/-	++
Analyse und Synthese	+	+/-	+	+/-	+	+	+	++
Sinnerfassendes fließendes Lesen (Wörter und bekannte Texte)	0	0	0	0	0	0	0	0
Lesetempo	langsam	langsam	normal	langsam	langsam	normal	langsam	schnell
Buchstabenkenntnisse	j/n	j	j	j	j	j	j	j
Erfinden / raten von Wörtern beim Lesen	j/n	j	j/n	j	n	j/n	j/n	n
Lautieren	+	+	++	+	++	++	+	++
Zuordnung Laut - Buchstabe	+	+/-	++	+	++	++	++	++
Mathe								
Rechentempo	normal	normal	schnell	normal	normal	langsam	schnell	schnell

- 7 -

Zählen bis 20	j	j	j	j	j	j	j
kann Zahlen richtig abschreiben	j	j	j	j	j	j	j
kann Zahlen richtig lesen (ein- und zweistellige)	j	j	j	j	j	j	j
Zehnerüber – und – unterschreitung	+	++	++	+	+	0	++
Addition bis 10	++	+	++	++	++	++	++
Addition bis 20	+	+	++	+	++	0	++
Subtraktion bis 10	+	+	++	+	++	0	++
Subtraktion bis 20	+	+	++	+	++	0	++
Kopfrechnen	+	+	++	+	++	0	++
kann Rechenoperationen ohne einen konkreten Gegenstand durchführen	++	++	++	++	++	-	++
Allgemein						Rechenhilfsmittel notwendig	
Erkennen von Piktogrammen	++	++	++	++	++	++	+
Orientierung in der vorgegebenen Lineatur	+/-	+	++	++	+	0	++
Selbstständig bekannte Arbeitsaufträge ausführen	++	++	+	++	++	0	+
Tagesplan ausfüllen	++	++	++	++	++	+	+
Einfordern von Hilfe bei Schwierigkeiten	j/n	j	j	j/n	j/n	+	j

Legende:

++ = stark ausgeprägt   + = möglich   j = ja

0 = mit Unterstützung möglich   - = nicht möglich   n = nein

1.4. Zielstellung und sonderpädagogische Intention

Thema: Arbeit mit dem Tagesplan: Übungsstunde zum Lesen lernen und zum
           Rechnen im Zahlenraum bis 20

Lernbereich: *Lehrplan für die Grundschule und für die Förderschule mit dem Bildungsgang*
           der Grundschule (1999), Klassenstufe 1 / 2

           Laute / Lautkomplexe wieder erkennen und unterscheiden

           Analyse und Synthese von Wörtern

           Erlesen von Wörtern

           Wörter abschreiben, nachschreiben, aufschreiben

           Entwicklung der Zahlvorstellung (Zahlenraum bis 20)

           Addition und Subtraktion (Zahlenraum bis 20)

Grobziele:

- Festigung der Analyse und Synthese von bekannten und unbekannten Wörtern
- Festigung der Lautfindung innerhalb eines Wortes
- Festigung der Addition und Subtraktion im Zahlenraum bis 20

Feinziele:

Sachkompetenz

- Die Schüler üben und festigen ihre Fähigkeiten im Bereich der Lautfindung
- Die Schüler üben und festigen ihre Lesefertigkeiten
- Die Schüler üben und festigen ihre Fähigkeiten bzgl. der Addition und Subtraktion im
  Zahlenraum bis 20

Methodenkompetenz

- Die Schüler setzen sich intensiv mit den angebotenen Lernspielen auseinander

Selbstkompetenz

- Die Schüler lernen selbstständiger zu arbeiten

Sozialkompetenz

- Die Schüler werden angeregt Hilfen von anderen Schülern anzunehmen und selbst Hilfe anzubieten

Sonderpädagogische Intentionen:

- Förderung der auditiven Gliederung (Lautpositionsbestimmung) (alle Schüler)
- Förderung der Aufmerksamkeitsdauer (führt angefangene Aufgaben zu Ende) (B., J., F.)
- Förderung des Langzeitgedächtnisses bzgl. des Einhaltens der Regel sich bei Fragen zuerst an ein Mitschüler zuwenden (alle Schüler)

1.5. Lernzielbegründung

Die Arbeit mit dem Tagesplan stellt ein festes Element der Stundentafel dar. Jeden Dienstag in der ersten und zweiten Stunde, findet jeder Schüler seinen individuellen Tagesplan, in seinem Fach vor. Die Schüler kennen mittlerweile die Regeln während dieser Arbeitsphase, aber zur Festigung und Wiederholung wiederholen wir sie vor jeder Arbeitsphase. Die Regeln lauten:

- Wir arbeiten leise!
- Wir fragen bei Problemen zuerst einen anderen Schüler, dann erst den Lehrer!
- Bei Fragen an den Lehrer melden wir uns und rufen nicht rein!
- Wir fangen mit den Pflichtaufgaben (rot) an, erst dann können wir die Wahlaufgaben (grün) machen!
- Wir zeigen die Arbeitsergebnisse nicht zwischendurch dem Lehrer!

Die Tagesplanarbeit nutzen wir, um vorangegangenen neuen Stoff zu festigen und zu üben.

Die Schüler haben meist zwei Wochen (also zwei Dienstage) Zeit, um die kompletten Tagesplan zu erfüllen bzw. alle Stationen bearbeitet zu haben. Fertige Arbeitsergebnisse (sofern Arbeitsblätter oder ähnliches vorhanden), sammeln die Schüler in ihren Fächern und werden von der LAA später korrigiert. Die Schüler erhalten am nächsten Tag ein Feedback zu ihren Ergebnissen und müssen gegeben Falls Fehler beseitigen.

Die heutigen Themengebiete ergeben sich aus den vorangegangenen Deutsch – beziehungsweise Mathematikstunden, in welchen das Lesen und der Zahlenraum bis 20 im Vordergrund standen. Außerdem findet diese Tagesplanarbeit nach den Pfingstferien statt und dienst somit nicht nur zur Übung und Festigung, sondern auch zur Wiederholung von bereits Bekanntem.

Die Arbeit mit dem Tagesplan stellt die langsame Hinführung zur Wochenplanarbeit dar und soll die Selbstständigkeit der Schüler fördern, so dass die befähigt werden sich in Zukunft selbstständig Material zur Lösung von Problemstellungen zu suchen.

2. Planung des Unterrichtsverlaufs

Zeit	Unterrichtsartikulation	Sonderpädagogische Maßnahmen	Unterrichtsmittel / Bemerkungen
7:30 Uhr	**1. Begegnungsphase** - Schüler sitzen an ihrem Platz - Begrüßung aller Schüler - Schüler fragen, ob sie wissen was wir jetzt machen werden - Vorgehensweise und Regeln während der Arbeitsphase gemeinsam mit den Schülern wiederholen (leise, Schüler bei Problemen fragen, melden, erst Pflicht-, dann Wahlaufgaben, Arbeitsergebnisse nicht zwischendurch zeigen)	- Schüler sollen selbst die Regeln für die Arbeitsphase benennen - Wiederholen der Regeln von einzelnen Schülern	
7:35 Uhr	**2. Erarbeitung** - kurzes Ablaufen der Stationen, gemeinsam mit den Schülern – Hinweise geben - Ausblick auf Spiel „Die goldene 12" am Ende der Arbeit geben - Hinweis auf neuen Tagesplan geben - „Startzeichen" für Arbeitsphase geben		- Stationen sind selbsterklärend und / oder in ähnlicher Form bekannt - einige Erläuterungen möchte ich aber geben - individueller neuer Tagesplan liegt bereits in den Fächern der Schüler
7:42	**3. Durchführung**		

Zeit	Ablauf	Hinweise
Uhr	- am Anfang der Arbeitsphase eventuell Schülern beim Finden der ersten Station helfen - Schüler schauen sich ihren Tagesplan an und beginnen mit den Pflichtaufgaben	- Stationen und Unterrichtsmittel siehe unten stehende Tabelle - **LAA begleitet A. weitestgehend bei den Stationen** - Pflichtaufgabenteil für B. reduzieren und zur Weiterarbeit durch angemessenes Lob animieren - F. und J. beobachten und wenn nötig zur Weiterarbeit animieren
8:40 Uhr	**4. Ausklang** - Zeichen zum langsamen Beenden der angefangenen Aufgabe geben - warten bis alle Schüler aufgeräumt haben und an ihrem Platz sitzen - kurze Rückmeldung über die Disziplin und die Einhaltung der Arbeitsregeln geben - Spiel „Die goldene 12" von zwei Kindern aufbauen lassen und gemeinsam (bis zur Pause) mit allen Kindern spielen	- falls kein Gewinner bis zum Ende der Stunde feststeht, Spiel stehen lassen und nach der Frühstückspause weiterspielen lassen
9:05 Uhr		

Stationen:

Name	Material	Ziele	Sonderpädagogische Intentionen
1	Silbenpuzzle	- Bilder erkennen und benennen können - Silben erlesen und zuordnen - <u>Selbstkontrolle:</u> 1. und 2. Silbe sind nummeriert; Kontrolle durch erlesen der Wörter	- Förderung der Lesefertigkeiten (Analyse und Synthese)
2	Wortbildkarten	- Wort silbenweise lesen - Wort aufschreiben	- Förderung der Lesefertigkeiten - Förderung de Fähigkeit Wörter richtig abzuschreiben
3	Anlautdomino	- Bilder erkennen und benennen können - richtigen Anlaut heraushören und passendes Bild zuordnen - <u>Selbstkontrolle:</u> kleine Markierungen	- Förderung der auditiven Gliederung (Lautpositionsbestimmung)

4	Wortbildkarten (Reimwörter) 	am Rand der Kärtchen müssen zueinander passen - Bilder erkennen und benennen können - anhand der Bilder die Reimpaare finden - mit Hilfe des Schriftbildes Paare kontrollieren - Selbstkontrolle: durch Erlesen der Wörter und durch zwei zueinander passende farbige Markierungen auf der Rückseite	- Förderung der Lesefertigkeiten
5	Klammerkarten 	- Bilder erkennen und benennen können - An-, In-, Endlaut finden - mit Hilfe der Markierungen auf der Rückseite Ergebnisse kontrollieren - Selbstkontrolle: Markierung auf der Rückseite	- Förderung der auditiven Gliederung (Lautpositionsbestimmung)
6	„Schneckenspiel"	- Additions – und Subtraktionsaufgaben im Zahlenraum bis 20 selbstständig lösen	- Förderung der Fähigkeiten im Zahlenraum bis 20 zu addieren und subtrahieren

- 15 -

7	 **„Angelspiel"** – Aufgabenfische in einem „Teich" können mit einer Angel oder mit der Hand gefischt werden – Unterschiedliche Schwierigkeitsstufen vorhanden	- Alle Mitspieler müssen aufpassen, ob die Aufgabe richtig gerechnet wurde - Aufgabe (Additions – und Subtraktionsaufgaben im Zahlenraum bis 20) angeln und ins Heft schreiben - Kontrolle durch LAA (nach der Stunde)	- Förderung der Fähigkeiten im Zahlenraum bis 20 zu addieren und subtrahieren

3. Literatur

RADATZ, Dr. Hendrik / SCHIPPER, Dr. Wilhelm (1983): Handbuch für den
Mathematikunterricht an Grundschulen, Hannover.

THÜRINGER INSTITUT FÜR LEHRERFORTBILDUNG, LEHRPLANENTWICKLUNG UND
MEDIEN (Thillm) (2004): Ich kann lesen – Eine methodische Handreichung Heft
102, Erfurt.

Bildnachweis: Die Fotos und Bilder habe ich selbst fotografiert und / oder sind während des
Unterrichts entstanden.

4. Anlagen

Beobachtungsbogen „Lesen"

	O.	F.	D.	J.	A.	B.	M.	A.
Interesse am Leseunterricht	+/-	+/-	+/-	+/-	+/-	+/-	+/-	+/-
Versucht selbstständig zu lesen (neue Texte in der Schule)	+	+	+	+	+	+	+	+
Liest langsam	+	+	-	+	+	-	-	-
Liest stockend	+	+	+	+	+	-	-	+
Liest überhastet	-	-	-	-	-	-	-	-
Kann nicht lesen, versagt auch bei geübten Texten	-	+/-	-	+/-	+/-	+/-	-	-
Kann neue Texte nicht immer erlesen, merkt sich aber geübte Texte	+/-	+/-	+/-	+/-	+/-	+/-	+/-	+/-
Kann Analyse – Synthese	+/-	+/-	+	+/-	+/-	+	+	+
Liest ohne Sinnverständnis	+	+	+/-	+/-	+/-	-	+/-	+/-
Falsche Betonung	+/-	+/-	+/-	+/-	+/-	+/-	+/-	+/-
Liest deutlich (gute Artikulation)	+/-	+/-	+/-	+/-	+/-	+	+	+/-
Liest mit Finger / Lesezeichen an der Zeile	+	+	+	+	+	+	+/-	+
Schwierigkeiten beim Erlernen der Buchstaben	-	-	-	-	-	-	-	-
Schwierigkeiten beim Einprägen ähnlich aussehender Buchstaben	+/-	+/-	-	+/-	+/-	-	-	+/-
Verwechseln von ähnlichen Wortbildern	+/-	+/-	+/-	+/-	+/-	+/-	-	+/-
Erfinden von Wörtern beim Lesen	+/-	+	-	+/-	+/-	+/-	-	+/-
Raten beim Lesen	+/-	+/-	+/-	+/-	+/-	+/-	-	+/-

Legende:

- O   keine Angaben
- –   nein
- +   ja
- +/- manchmal

Beobachtungsbogen „Schreiben"

	O.	F.	D.	J.	A.	B.	M.	A.
Hat Freude am Schreiben	+/-	+/-	+/-	+/-	+/-	+/-	+	+/-
Schreibt Buchstabe für Buchstabe ab	+	+	+	+	+	-	+	+
Schreibt kurze Wörter nach einmaligem Hinsehen ab	-	-	-	-	-	-	-	-
Schreibtempo langsam	+/-	-	-	-	+/-	+/-	+/-	+/-
Schriftliche Arbeiten zu Hause werden sorgfältiger geschrieben als in der Schule	-	+/-	-	-	-	-	-	-
Schriftliche Arbeiten in der Schule werden sorgfältiger geschrieben als zu Hause	+	+/-	-	-	-	-	-	+
Das Schriftbild ist sauber und leserlich	+	+	+	+	+	+/-	+	-
Kann Buchstaben formgerecht abschreiben	+	+	+	+	+/-	+/-	+	+/-
Kann Buchstaben formgerecht nach Ansage schreiben	+/-	+/-	+	+	+	+/-	+	+
Kann Druckschrift in Schreibschrift übertragen	+/-	+/-	+	+/-	+/-	+/-	+	+/-
Das Schriftbild ist zittrig oder sehr ausfahrend	-	-	-	-	-	+/-	-	+
Zeilen können nur schwer eingehalten werden	+/-	-	-	-	-	+/-	-	+
Nimmt beim Schreiben eine ungünstige Körper – bzw. Papierposition ein	-	-	-	-	-	+/-	+/-	-
Die Stifthaltung ist verkrampft	-	-	-	-	+/-	+/-	-	+/-

Legende:

- O   keine Angaben
- –   nein
- +   ja
- +/-   manchmal

Beobachtungsbogen „Rechnen"

	O.	F.	D.	J.	A.	B.	M.	A.
Hat Interesse am Rechenunterricht	+	+	+	+	+	+	+	+
Versucht selbstständig zu rechnen	+	+	+	+	+	+	+	+
Rechnet flott und zügig	+/-	+/-	+	+/-	+	+/-	+	+
Kann unter Zeitdruck richtig rechnen	+	+	+	+/-	+	+/-	+	+/-
Kann eine Reihe (Muster) richtig fortsetzen	+/-	+/-	+/-	+/-	+/-	+/-	+/-	+/-
Versteht die Begriffe: größer / kleiner, mehr als / weniger als, gleich	+	+	+	+	+	+	+	+/-
Kann fehlerfrei bis … zählen	30	30	50	50	30	50	100	10
Kann fehlerfrei von … bis … rückwärts zählen	10 – 0	10 – 0	20 – 0	10 – 0	10 – 0	20 – 0	20 – 0	10 – 0
Kann (ein-, zweistellige) Zahlen richtig abschreiben	+	+	+	+	+	+	+	+/-
Erkennt Ordnungsrelationen bei Zahlen	+	+	+	+	+	+	+	+/-
Kann unterschiedliche Mengen erkennen	+/-	+/-	+	+/-	+/-	+/-	+/-	+/-
Kann gleich mächtige Mengen erkennen	+/-	+/-	+/-	+/-	+/-	+/-	+/-	+/-
Kann Zehner problemlos überschreiten	+	+/-	+	+/-	+	+/-	+	-
Kann Zehner problemlos unterschreiten	+	+/-	+	+/-	+	+/-	+	-
Kann fehlerfrei addieren	+/-	+/-	+	+/-	+	+/-	+	+/-
Kann fehlerfrei subtrahieren	+/-	+/-	+	+/-	+	+	+	+/-
Gute Gedächtnisleistung (KZG) beim Kopfrechnen	+/-	+/-	+	+/-	+	+/-	+	-
Kann Zahlen richtig untereinander (E, Z) schreiben	+/-	+/-	+/-	+/-	+/-	+/-	+	+/-
Kann Rechenoperationen ohne einen konkreten Gegenstand durchführen (anschauliche Hilfsmittel)	+/-	+/-	+	+/-	+	+/-	+	-
Ungenaue Formwiedergabe von Ziffern	-	-	-	-	-	-	+	+
Seitenverkehrtes Schreiben von Ziffern	+/-	-	-	-	+/-	-	-	-
Schwierigkeiten beim richtigen Erkennen und Anwenden von Rechensymbolen (+,- , =, >, <)	+/-	+/-	-	+/-	+/-	+/-	-	+
Langsames Erlernen der Grundrechenarten	+	+	+	+	-	+	-	+
Schwierigkeiten, einen Wechsel der Rechenart zu erkennen	+/-	+/-	-	+/-	+/-	+/-	-	+

Legende:

- O   keine Angaben
- –   nein
- +   ja
- +/- manchmal